DE JÉSUS À JÉSUS... EN PASSANT PAR DARWIN

DU MÊME AUTEUR
CHEZ ODILE JACOB

Sur la science et au-delà (avec Jean Vandenhaute), 2013.

Sept vies en une. Mémoires d'un prix Nobel, 2013.

Génétique du péché originel. Le poids du passé sur l'avenir de la vie, 2009.

Singularités. Jalons sur les chemins de la vie, 2005.

À l'écoute du vivant, 2002.

POCHES ODILE JACOB

CHRISTIAN DE DUVE

DE JÉSUS À JÉSUS… EN PASSANT PAR DARWIN

Odile Jacob
poches

15, RUE SOUFFLOT, 75005 PARIS

www.odilejacob.fr

ISBN : 978-2-7381-4607-6
ISSN : 1621-0654

Remerciements

Au moment de livrer au public le fruit de mes dernières cogitations, je tiens à remercier tout d'abord Odile Jacob, qui, avec le soutien de Bernard Gotlieb, que je remercie en même temps, a non seulement pris sur elle le risque de publier cet essai, que rien ne destinait à une telle distinction, mais a même consacré un temps précieux à m'aider à le rendre présentable. J'ai été particulièrement sensible à ce témoignage d'estime et d'amitié.

Ensuite, je dois une reconnaissance spéciale à mon ami Gabriel Ringlet, prêtre atypique s'il en est, attaché en même temps à son Église et à la libre-pensée. Il m'a fait bénéficier de nombreuses critiques et suggestions aussi judicieuses que pertinentes. C'est à lui que je songeais plus particulièrement en soulignant la nécessité d'un mouvement de rénovation du message chrétien venant de la base. Je m'empresse d'ajouter que je suis loin d'avoir suivi tous ses conseils, tout comme il est loin de partager toutes mes opinions. Je suis seul à porter la responsabilité de ce qui est écrit ici.

Il me faut remercier encore mon fils Thierry, qui s'est donné la peine de relire mon texte et m'a, comme de coutume, prodigué d'utiles conseils. Je dois également à ma fille Françoise de m'avoir aidé à clarifier nombre de passages obscurs.

Avertissement

Le titre de cet opuscule appelle une explication. Qui sont les deux Jésus dont il est question ? Et pourquoi Darwin entre les deux ?

Le premier est le Jésus de mon enfance, le Jésus mythique et mystique que l'imaginaire chrétien a créé autour du personnage historique et affiné au cours des siècles pour l'offrir à la vénération des fidèles, le Jésus du catéchisme et de l'Histoire sainte, le Jésus de ma communion et de ma confirmation.

Le second Jésus est l'homme derrière le mythe, dépouillé de tous les attributs merveilleux qu'on lui a conférés, le sage, l'auteur d'un message d'amour et de concorde qui est devenu d'une brûlante actualité dans la crise majeure que traverse l'humanité.

Entre les deux, il y a un long cheminement personnel illuminé par la science. D'où le nom de Darwin et le caractère nécessairement autobiographique de mon récit.

Commençons par le début.

Le Jésus de mon enfance

Anvers et les jésuites

Né en Angleterre, à la fin de la Première Guerre mondiale, de parents belges ayant pour une part des racines en Allemagne, j'ai grandi dans la ville portuaire flamande d'Anvers, la cité des peintres Rubens et Van Dyck et des imprimeurs Plantin et Moretus, métropole des arts et du commerce. Le français, remplacé aujourd'hui par le flamand, était alors encore la langue des classes dirigeantes. De mon temps, l'enseignement était bilingue (il est devenu unilingue flamand en 1932), une moitié des cours étant dispensée dans chacune des deux langues. Ainsi, j'ai appris le latin et les mathématiques en français, le grec, l'histoire et la géographie en flamand, et ainsi de suite. L'avantage du système est évident, d'autant plus qu'il joignait deux langues d'origine latine et germanique. En outre, j'avais pu, grâce à mon milieu familial multiculturel, me familiariser dans les pays concernés avec l'anglais et l'allemand, qui n'étaient pas enseignés dans mon école. J'étais, par conséquent, presque parfaitement quadrilingue à la sortie du collège, ce qui n'a pas manqué de m'être très utile dans ma carrière.

Les pères jésuites qui m'ont instruit m'ont donné le goût des subtilités de la langue et de la grammaire et inculqué l'art de raisonner correctement. En revanche, ils ont presque réussi à me dégoûter des sciences, dont ils se méfiaient et qu'ils enseignaient fort mal. Heureusement, ces lacunes étaient en partie comblées par la pratique du scoutisme, qui m'a donné l'occasion d'étudier la nature sur le terrain, d'exercer mon ingéniosité dans diverses formes de bricolage et, aussi, de me dépenser physiquement.

Je retiens de mon enfance scolaire le plaisir d'apprendre, l'ambition d'exceller et, surtout, la jouissance particulière que j'éprouvais à utiliser mon intelligence pour tenter de comprendre une notion complexe et, encore plus, pour résoudre un problème, quel qu'il soit. Tout défi me stimulait. Je garde également à l'esprit la satisfaction intellectuelle avec laquelle je suivais la dialectique de mes maîtres, que ce soit en philosophie, en logique ou en apologétique, leur accordant même une confiance que le doute n'avait pas encore ébranlée. Les jésuites de mon temps n'encourageaient pas l'esprit critique et ne récusaient pas l'argument d'autorité. En revanche, ils enseignaient admirablement la gymnastique cérébrale du raisonnement déductif.

Tous ces enseignements étaient présentés dans un contexte religieux que je ne songeais pas à mettre en doute, d'autant plus qu'il répondait sentimentalement à une disposition qui me portait naturellement vers la ferveur. J'acceptais sans objection tous les préceptes de l'Église, que les jésuites avaient l'art d'étayer par une argumentation rigoureuse qui renforçait leur crédibilité. Ce que je ne discernais pas, c'est que leur dialectique reposait sur des prémisses gratuites, tenues pour vraies au départ sans la moindre preuve. Non seulement je ne voyais pas cette faille, mais je n'avais même aucune difficulté, malgré mon intelligence ou plutôt à cause des limitations de celle-ci, à accepter tout le cérémonial, les rites et les gestes sacrés, les pouvoirs et les privilèges des prêtres, pasteurs du peuple et gardiens de la vérité, les mystères de la consécration et de la transsubstantiation, la divinité du Christ et sa résurrection, et toutes les autres notions difficilement crédibles qui nous étaient imposées, sans doute de bonne foi.

L'attrait de la médecine

Dans ces conditions, on aurait pu s'attendre à ce que je choisisse, pour mes études universitaires, une orientation plutôt dirigée vers les lettres, la philosophie ou les sciences humaines, mais les carrières auxquelles de telles études menaient ne me séduisaient guère. En revanche, ce qui m'attirait, c'était la médecine. Non pas que je fusse séduit par le contenu des études, qui exigeaient une initiation préalable aux sciences, vis-à-vis desquelles j'éprouvais, sans les connaître, une aversion *a priori* héritée de mes maîtres jésuites. Non, ce qui m'habitait, c'était l'image romantique de l'« homme en blanc » se penchant sur l'humanité souffrante, le stéthoscope autour du cou et le marteau à réflexes émergeant d'une poche de sa blouse. C'était aussi la notion de service qui y était associée et qui prolongeait mon idéal de scout. Tel fut donc mon choix. En octobre 1934, j'entreprenais des études de médecine à l'Université catholique de Louvain (UCL), la section francophone d'une institution vénérable remontant à 1425.

De Jésus à Darwin

Le virus de la recherche

Ironie du sort : je n'ai jamais exercé la médecine, sauf pendant deux ans, durant la guerre, pour subvenir à mes besoins. Dès le début de mes études, en effet, j'ai eu la chance d'être admis comme étudiant chercheur dans ce qui était sans doute le meilleur laboratoire de recherche de la faculté, celui de physiologie, dirigé par le professeur Joseph-Prosper Bouckaert. J'y ai découvert la démarche scientifique. Ce fut une révélation.

Plutôt que de s'appuyer sur une idée préconçue et d'utiliser toutes les ressources de la logique pour en déduire les conséquences, comme me l'avaient enseigné les jésuites, on partait d'une hypothèse susceptible d'expliquer une observation. On en éprouvait la validité par l'expérimentation, non pour essayer de la prouver, comme de nombreux chercheurs sont tentés de faire, mais en s'efforçant même de la mettre en défaut, car l'échec de cette dernière tentative constitue le meilleur argument en faveur de l'hypothèse. Cette stratégie dite de « falsification », selon le vocable de Karl Popper, avait déjà été défendue un siècle plus tôt avec une clarté lumineuse par le fondateur français de la médecine expérimentale, Claude Bernard, qui devint mon maître à penser dès mes débuts au laboratoire. Une fois découverte, cette démarche s'imposa à mon esprit, car elle laissait le verdict final à la réalité. Aux certitudes arrogantes du dogmatisme dans lequel j'avais grandi, elle substituait une attitude plus humble de rigueur et d'honnêteté intellectuelle, de soumission aux faits. Contaminé par le virus de la recherche, j'ai décidé de lui consacrer ma vie.

Ce fut une expérience extraordinaire, qui m'a comblé au-delà de toutes mes espérances et de tous mes mérites. Au lieu de me rebuter comme elle l'avait fait dans mon enfance, la science est devenue pour moi l'objet d'une véritable passion. Elle me donnait une occasion exceptionnelle de m'adonner aux plaisirs intellectuels qui m'avaient déjà ravi à l'école :

l'excitation du défi à relever, l'effort de la recherche et la rare griserie de la découverte. En même temps, elle répondait, par son exigence de qualité, au culte de l'excellence qui avait dominé ma jeunesse.

Il y eut néanmoins un prix à payer : les convictions religieuses qui avaient inspiré mes premières années ne résistèrent pas aux impératifs du raisonnement scientifique, au souci d'une perpétuelle remise en question et au refus des affirmations sans preuve. Toutefois, pour des raisons liées à ma qualité de professeur dans une université confessionnelle, j'ai longtemps gardé mes opinions pour moi. Ce n'est que beaucoup plus tard que j'ai commencé à m'exprimer publiquement.

Tout cela, bien entendu, je l'ai découvert progressivement, le plus souvent à la faveur des discussions collectives qui réunissaient les chercheurs du laboratoire sous l'égide du patron, qui avait l'art de les animer par son érudition, sa rigueur, son esprit critique et son humour. En tant qu'apprenti, mon rôle se réduisait à suivre aussi fidèlement que possible les instructions qui m'étaient données et à m'initier aux techniques utilisées.

Au gré du hasard

Mon entrée au laboratoire de Bouckaert a été pour moi le début d'une aventure passionnante, jalonnée par une succession d'étapes, dont chacune, ou presque, a eu comme point de départ un événement fortuit.

Premier don du hasard : mon admission au laboratoire de physiologie pour faire mes premières armes en science. Non pas le fait que j'entrai dans un laboratoire de recherche, car, en ce faisant, je n'avais fait que suivre une tradition selon laquelle les « bons » étudiants consacraient leur temps libre – considérable à l'époque – à travailler comme bénévoles dans un laboratoire de recherche. Là où le hasard est intervenu, ce fut en m'offrant pour mes débuts le meilleur des environnements susceptibles de m'accueillir. Il s'est fait, par le plus grand des hasards, que l'Institut de physiologie était situé à un pas de mon logis d'étudiant, et que j'avais un ami qui y travaillait et a pu proposer ma candidature. J'étais évidemment incapable à cette époque d'apprécier la valeur inestimable de cette coïncidence.

Le hasard est intervenu une deuxième fois lorsque je me suis présenté au laboratoire de physiologie pour régler mon affectation. Je suis tombé sur le spectacle dramatique de trois paires de mains émergeant de trois blouses ensanglantées et plongées dans les entrailles d'un chien, étendu inerte, anesthésié, bien sûr, sur une table d'opération. Comme je devais le découvrir plus tard, les chercheurs pratiquaient une opération extrêmement délicate consistant à extirper le foie sans bloquer le retour du sang des intestins vers le cœur, ce qui impliquait une sorte d'avant-première de la chirurgie vasculaire d'aujourd'hui. Il est inutile d'ajouter que cela se passait avant l'ère antivivisectionniste. Je n'avais aucun état d'âme à ce sujet. J'estimais légitime – et mon opinion n'a pas changé – de sacrifier des animaux pour le progrès de la médecine, à condition de ne pas leur faire subir de souffrances inutiles et s'il n'y a pas d'autre alternative. Séduit par le tableau digne de Rembrandt qui s'offrait à mes yeux, j'ai postulé pour une place dans l'équipe en question, pour apprendre ensuite que sa recherche portait sur une question qui, depuis Claude Bernard, faisait l'objet de vives controverses, à savoir le rôle joué par le foie dans l'élévation anormale du taux de glucose sanguin (hyperglycémie) qui caractérise le diabète, ainsi que dans le phénomène inverse de chute de ce taux (hypoglycémie) provoqué par l'insuline, l'hormone dont la déficience est responsable de cette maladie.

Pour attaquer ce problème, Bouckaert avait choisi une stratégie aussi drastique que directe : enlever le foie et évaluer l'effet de cette privation sur l'action de l'insuline. J'ai participé aux dernières étapes de cette recherche et à son dénouement spectaculaire : en l'absence du foie, la consommation de glucose sous l'effet de l'insuline était réduite de 80 %. La cause était entendue : le foie joue un rôle de première importance dans l'action de l'insuline. Cette conclusion s'opposait radicalement à la théorie défendue à l'époque par la majorité des chercheurs, ce qui ne manquait pas d'être embarrassant, d'autant plus qu'il y avait parmi nos opposants de nombreux scientifiques éminents, dont plusieurs lauréats ou futurs lauréats du prix Nobel, que l'on pouvait difficilement soupçonner d'incompétence ou de malhonnêteté.

Troisième hasard, beaucoup plus dramatique que les précédents : le déclenchement de la guerre qui, suite à diverses circonstances, me laissa seul responsable du projet « insuline » au laboratoire, alors que je n'avais même pas encore obtenu mon diplôme de « docteur en médecine, chirurgie et accouchements » (conquis en juin 1941). Ainsi investi par un triple jeu du hasard d'une responsabilité que je n'avais ni prévue ni ambitionnée, j'ai pris les choses en main, pour consacrer tous mes efforts à élucider l'action hépatique de l'insuline.

Sept ans plus tard, j'étais le premier auteur de plusieurs articles relatant les travaux du laboratoire dans le domaine de l'insuline et seul auteur d'une monographie de 400 pages et près de mille références sur la question. Surtout, j'avais à mon actif une découverte qui m'a servi de passeport sur la scène scientifique internationale et qui résolvait le conflit que j'ai mentionné plus haut : les adversaires d'une action hépatique de l'insuline, américains pour la plupart, utilisaient des échantillons d'insuline contaminés par une impureté antagoniste, connue sous le nom de glucagon, qui fut identifiée plus tard comme étant une seconde hormone pancréatique. Ce fut ma première rencontre avec la joie rare de la découverte.

Enfin, conscient de la nécessité d'une approche biochimique pour attaquer le problème qui me hantait, j'étais retourné à l'école pour suivre le curriculum complet de la licence en sciences chimiques et j'avais complété ensuite ma formation dans des laboratoires de biochimie réputés, en Suède et aux États-Unis, sous la direction de quatre maîtres, Hugo Theorell, Carl et Gerty Cori, et Earl Sutherland, qui tous devaient obtenir ultérieurement le prix Nobel. Ce fut pour moi une chance extraordinaire, car l'art de la recherche scientifique ne s'apprend pas dans les livres, mais bien sur le terrain, sous l'égide d'un maître de qualité, comme les métiers au Moyen Âge.

Le dernier cadeau du hasard dans cette étonnante succession a été aussi ironique que bénéfique. Rentré de l'étranger début 1948, j'avais ouvert mon premier laboratoire de recherche à Louvain, après ma nomination à la chaire de biochimie de la faculté francophone de médecine de cette université. C'est là, qu'avec la petite équipe de qualité que j'avais réussi à recruter, j'avais pu enfin entreprendre le projet pour lequel j'avais mis plus de douze ans à me préparer.

À peine avais-je entamé ce travail qu'une observation bizarre, à laquelle, en adepte de Gaston Leroux[1], j'ai donné le nom de « mystère de l'enzyme cachée », a suffisamment titillé ma curiosité pour me faire dévier de la ligne que je m'étais tracée. Ce qui, dans mon esprit, ne devait être qu'un simple interlude s'est mué en une exploration passionnante qui a fait que je ne suis jamais retourné à l'insuline et au métabolisme du glucose, laissant heureusement à des collaborateurs doués de faire d'importantes avancées dans ce domaine.

Je n'ai pas eu à regretter cette infidélité. L'« enzyme cachée » m'a conduit vers les petits sacs où elle se dissimulait dans la cellule, en compagnie d'autres enzymes qui avaient, comme elle, une fonction digestive. C'est à ces petits sacs que j'ai donné le nom de « lysosomes », ou corpuscules lytiques. Ils m'ont conduit eux-mêmes à un autre type d'organites cellulaires, que j'ai appelés « peroxysomes ». Finalement, tous deux m'ont conduit à Stockholm, en décembre 1974, pour recevoir le prix Nobel de

1. Gaston Leroux (1868-1927) est l'un des pères du polar français. Il est l'auteur, notamment, du *Mystère de la chambre jaune*.

physiologie ou médecine, en partage avec mon compatriote Albert Claude et avec l'Américain d'origine roumaine George Palade, pour, selon le libellé officiel, nos « découvertes concernant l'organisation structurale et fonctionnelle de la cellule ». On notera l'union des deux qualificatifs « structurale » et « fonctionnelle », qui distinguait nos travaux de ceux de nombreux autres chercheurs qui s'étaient consacrés exclusivement à une des deux approches.

Céder à la curiosité devant le « mystère de l'enzyme cachée » a donc été singulièrement payant pour moi. C'est pourquoi je suis tenté de dire aux jeunes chercheurs d'aujourd'hui : « N'hésitez pas à suivre votre curiosité plutôt que de rester liés à un programme préétabli. » Mais ce conseil pourrait se révéler dangereux vu les contraintes bureaucratiques qui entravent de plus en plus la liberté des chercheurs.

Rockefeller

Un jour d'hiver 1962, bien avant le Nobel, par conséquent, j'ai été invité à créer un laboratoire au prestigieux Rockefeller Institute, à New York. Fondé en 1901 *pro bono humani generis*, « pour le bien du genre humain », le Rockefeller Institute for Medical Research, devenu depuis la Rockefeller University, était un endroit mythique, célèbre, entre autres, pour la découverte des groupes sanguins, des premières enzymes purifiées, du premier virus cristallisé, du premier virus cancérigène, sans compter celle du rôle génétique de l'ADN.

C'était aussi le berceau de la biologie cellulaire moderne. Claude y avait développé, entre 1929 et 1949, les deux outils qui allaient ouvrir la cellule à une exploration détaillée : la microscopie électronique pour le volet morphologique et, pour le volet fonctionnel, le fractionnement par centrifugation, la technique qui m'avait mis sur la trace de l'« enzyme cachée », les équivalents pour la cellule de l'anatomie et de la physiologie pour le corps humain.

Notre futur co-nobeliste Palade, le plus brillant élève de Claude, y dirigeait une importante équipe, aux côtés de quelques-uns des scientifiques les plus célèbres au monde, dans un environnement et des conditions inégalés.

Être invité dans ce cénacle était un privilège extraordinaire, que je ne pouvais refuser.

En revanche, je pouvais difficilement envisager d'abandonner l'équipe exceptionnelle que j'avais réunie en Belgique. Heureusement, suite à des négociations entre les deux institutions, j'ai pu accepter cette invitation particulièrement séduisante, tout en conservant mon laboratoire belge. La navette transatlantique qui suivit s'est avérée fructueuse malgré ses inconvénients évidents et m'a permis de former deux équipes travaillant en étroite collaboration au-delà de l'Atlantique et de progresser dans de nombreux domaines.

Un autre avantage de cette double vie fut pour moi d'apprendre à connaître l'organisation de la science aux États-Unis et, surtout, de voir sur place sur quels principes se fonde un centre d'excellence. Enfin, j'y ai établi de nombreux contacts qui m'ont été particulièrement utiles dans mes entreprises ultérieures.

L'ICP

Une autre date clé dans mon itinéraire a été 1968. C'est l'époque de la révolution estudiantine, celle de Berkeley et de Nanterre, et aussi celle d'un éveil des scientifiques à leurs responsabilités à l'égard de la société. Pour les membres de mon université belge, 1968 est en plus l'année du *Walen buiten* (« Wallons dehors »), le mouvement qui a forcé la partie francophone de l'Université catholique de Louvain à quitter cette ville, où elle était établie depuis plus de cinq siècles et où il était devenu inacceptable pour l'opinion flamande que des cours soient dispensés en français sur le sol flamand. Le déménagement obligatoire qui suivit transposa le gros de l'université à Louvain-la-Neuve, une ville construite de toutes pièces à cet effet, à trente kilomètres à peine de l'ancienne Louvain. Pour des raisons pratiques, liées aux besoins de son hôpital, la faculté de médecine n'a pas suivi à Louvain-la-Neuve, mais a migré à Woluwé-Saint-Lambert, dans la périphérie de Bruxelles.

La conjonction de ces deux événements a été au départ d'une initiative qui devait avoir des conséquences importantes pour moi-même et, surtout, pour mon entourage. De l'esprit de 1968 j'avais retenu le rappel de la responsabilité sociale du scientifique. Jusqu'alors, j'avais été, dans le sillage de mon maître Bouckaert, un défenseur inconditionnel de la recherche fondamentale, dite « pure » ou « désintéressée », celle qui vise uniquement à comprendre, sans souci de rentabilité ou, même, d'utilité. Dans ce genre de recherche, comme je l'avais expérimenté personnellement, on explore l'inconnu, mû uniquement par la curiosité. On ne sait pas ce que l'on va trouver, encore moins ce que cela va rapporter ni à quoi cela va servir, mais ce que l'on trouve peut s'avérer plus intéressant et, parfois même, plus rentable et plus bénéfique que ce que l'on cherche. Les exemples ne manquent pas. Ma poursuite de l'« enzyme cachée » en est un. Notons qu'il ne s'agit pas d'une exploration à l'aveugle, comme la pratiquent certains empiristes qui se contentent de faire confiance au hasard. Une hypothèse de travail est nécessaire au départ, mais celle-ci vise une explication, non la solution d'un problème pratique. Même si ce que l'on trouve semble sans utilité immédiate, l'effort n'est pas perdu. Trouver quelque chose, c'est toujours ajouter à nos connaissances, un objectif qui se justifie en lui-même. La découverte de la vérité appartient, comme les arts et la philosophie, à une démarche essentielle de l'humanité. C'est un des piliers de la culture.

Ma confiance dans la recherche fondamentale n'avait pas faibli, mais j'y ajoutai un correctif :

si une recherche débouche sur une découverte susceptible d'être appliquée pour le bien-être humain, il incombe à son auteur d'aider au développement de cette application, par devoir à l'égard de la société qui soutient son effort. Vingt ans plus tôt, j'aurais refusé cette responsabilité, alléguant qu'elle appartient à la recherche clinique et pharmaceutique, et non à la recherche fondamentale, dont le seul rôle est de trouver.

Mon revirement n'était pas seulement dans l'air du temps. Il s'est imposé au médecin qui n'avait pas entièrement perdu le souvenir de sa vocation et qui avait assisté, même participé dans une modeste mesure, aux progrès révolutionnaires accomplis par les sciences de la vie depuis la fin de la Seconde Guerre mondiale. Toutes ces connaissances nouvelles devaient, me disais-je, permettre des avancées considérables dans la compréhension, le diagnostic, la prévention et le traitement des nombreuses maladies, telles que l'artériosclérose et le cancer, qui continuaient à défier les efforts effectués en vue de les maîtriser. Rien qu'avec les lysosomes et les peroxysomes, j'avais pu voir personnellement de nombreux exemples de transposition fructueuse des connaissances à la clinique. Les auteurs des découvertes étant, du fait de leurs compétences, les mieux placés pour aider à leur application, il me paraissait de leur devoir de contribuer à cette œuvre.

L'autre aspect de l'année 1968, notamment le déménagement forcé de la faculté de médecine, m'a conduit à englober cette philosophie dans un projet qui, non seulement, allait affecter mes propres recherches, mais aussi celles d'un certain nombre de mes collègues. J'ai proposé de tirer parti du transfert de la faculté pour créer un « mini-Rockefeller » sur le nouveau site, en y assemblant dans un même bâtiment, avec notre groupe de biochimie et de biologie cellulaire, quelques groupes de qualité spécialisés en immunologie, en virologie, en biologie moléculaire et en pathologie expérimentale, qui étaient géographiquement séparés à Louvain. L'objectif était de créer de la sorte, autour d'un noyau commun d'instruments et de techniques de premier plan, un ensemble multidisciplinaire propice à de fructueuses collaborations.

Approuvé par les équipes sollicitées, ce projet reçut facilement l'accord des autorités académiques, car il ne demandait qu'une réaffectation des bâtiments prévus. Toutefois, mon ambition allait plus loin. Il fallait d'autres appoints de l'extérieur pour atteindre la masse critique que je jugeais nécessaire. Dans ce but, je fis la proposition, beaucoup plus aléatoire, que des espaces de laboratoire supplémentaires susceptibles d'héberger des équipes nouvelles soient adjoints aux locaux prévus pour les équipes facultaires. Afin de minimiser le coût de ce projet pour l'université, j'ai proposé que ces espaces soient construits en gros œuvre seulement – à charge pour les auteurs du projet de trouver les moyens pour achever et équiper les nouvelles surfaces, de recruter les chercheurs nécessaires et de financer leurs travaux.

Grâce au soutien de quelques visionnaires prêts à courir des risques pour viser l'excellence, les autorités académiques de l'époque ont souscrit à cette proposition. Elles n'ont pas eu à le regretter. Suite à un concours de circonstances exceptionnel, auquel le prix Nobel ne fut pas étranger, ce pari fou a réussi au-delà de toutes nos espérances.

Inauguré en 1975 sous l'appellation d'International Institute of Cellular and Molecular Pathology, tôt résumée par le sigle ICP, le nouvel Institut a atteint sa vitesse de croisière en moins de cinq ans, les locaux supplémentaires étant tous opérationnels et occupés par des équipes dont plusieurs étaient d'origine étrangère.

Mon inspiration dans l'élaboration de ce projet devait beaucoup à mon expérience de l'Institut Rockefeller, auquel j'ai emprunté certains principes directeurs essentiels : collaboration multidisciplinaire, avec centralisation des infrastructures techniques pour le bénéfice de la communauté ; priorité à la recherche fondamentale, mais ouverte aux applications bénéfiques, notamment médicales ; accent sur l'excellence personnelle, au-dessus de toute autre considération, avec son corollaire indispensable : la liberté des chercheurs. On n'engage pas les meilleurs pour leur imposer ensuite un objectif de recherche et une stratégie pour l'atteindre. S'ils ont les qualités requises, ils n'accepteront pas une telle subordination. Il en va autrement de la recherche industrielle, qui, bien que soumise à des impératifs qui doivent être respectés, peut néanmoins attirer les meilleurs par l'importance humaine des enjeux, la nature des défis rencontrés et certaines compensations, notamment financières.

J'ai emprunté également à la tradition américaine le recours au mécénat, en tant que source d'une précieuse indépendance pour la réalisation de certains objectifs sans les contraintes qui grèvent souvent l'appui des pouvoirs publics. Grâce à l'aide de quelques sympathisants fidèles, le secteur privé a généreusement répondu à cet appel.

Aujourd'hui, l'ICP, auquel des amis mieux intentionnés qu'avisés ont, passant outre à mes objections, insisté pour donner mon nom, est un centre florissant, où œuvrent, sous la devise « Mieux comprendre pour mieux guérir », quelque deux cent cinquante chercheurs recrutés sur une large base nationale et internationale, y compris une branche du puissant Institut Ludwig de recherche sur le cancer, que l'environnement offert par l'ICP a séduits.

J'élargis mon horizon

La dernière étape de cette succession d'imprévus inaugurée à Louvain en 1935, dans le laboratoire du professeur Bouckaert, se situe quelque cinquante ans plus tard, lorsque, passé à l'éméritat des deux côtés de l'Atlantique, débarrassé de mes responsabilités de directeur d'institut et ayant mis une fin à mes recherches de laboratoire, j'ai finalement trouvé le temps de sortir du cadre étroit de mes activités pour contempler la « grande image ».

La préoccupation n'était pas nouvelle pour moi. En effet, j'avais conservé de mon passage chez les jésuites un intérêt pour les grands problèmes philosophiques et je projetais de m'y consacrer un jour. En témoignent les livres qui garnissent ma bibliothèque et que j'ai achetés dans ma jeunesse avec mes maigres ressources d'étudiant. La biologie et la médecine y dominent, comme il se doit ; mais on y trouve aussi des ouvrages consacrés à l'astronomie, à la cosmologie et aux grandes théories physiques de l'époque, sur des sujets tels que la relativité, les quanta et la dualité onde-corpuscule. Beaucoup de ces livres portent des traces d'avoir été parcourus attentivement, tandis que d'autres ont été à peine effeuillés ou attendent toujours, pages non coupées, le moment où j'aurai le temps de les étudier. Ils voisinent avec des classiques et avec des œuvres de philosophie, parmi lesquelles celles de Descartes et de Claude Bernard occupent une place de choix. Entre-temps, je ne manquais pas de lasser mon entourage avec mes vagues projets philosophico-scientifiques, chaque fois remis à plus tard.

Une fois de plus, le hasard a joué le rôle d'élément déclenchant, sous la forme d'une invitation à donner, en décembre 1976, les *Christmas Lectures* organisées à la Rockefeller University par le biologiste Alfred E. Mirsky, qui en avait emprunté l'idée à une initiative de Faraday à la Royal Society de Londres. Ce cycle de quatre conférences s'adressait à un auditoire particulièrement stimulant de quelque cinq cent cinquante jeunes hautement motivés, choisis dans toutes les écoles de la région new-yorkaise.

Comme sujet de mes conférences, j'avais choisi d'emmener mes jeunes auditeurs, convertis en « cytonautes » pour l'occasion, à m'accompagner dans une « visite guidée de la cellule vivante ». Il m'avait fallu, pour préparer ce tour, boucher quelques trous dans mes connaissances de biologie cellulaire, qui étaient limitées en grande partie aux composants de la cellule sur lesquels j'avais travaillé ou qui, pour l'une ou l'autre raison, m'avaient intéressé.

Ce travail est devenu beaucoup plus ardu quelques années plus tard, lorsque, suite, une fois de plus, à une rencontre fortuite, je me suis laissé persuader de transformer quatre heures de conférences en près de quatre cent cinquante pages détaillées et abondamment illustrées, publiées sous le même titre, en 1984, dans la Scientific American Library, avec le concours de la Rockefeller University Press. La traduction française de l'ouvrage parut en 1987[1].

Ce fut le début d'un long voyage de découverte extraordinairement enrichissant, dont chaque étape m'obligea à élargir davantage mon horizon. Consignée dans une série d'ouvrages, publiés chaque fois en français et en anglais, mes deux langues maternelles, cette expédition me ramena d'abord de la « visite guidée », trop morphologique à mon goût, à la biochimie, où je me sentais plus à l'aise. Dans *Construire une cellule*[2], dont je préfère le titre anglais, *Blueprint for a Cell* (le plan d'une cellule), j'ai tenté de préciser aussi succinctement que possible les propriétés fondamentales communes à tous les êtres vivants et pouvant servir de base à une définition de la vie.

Cette réflexion m'a conduit tout naturellement à me pencher sur l'origine de la vie,

1. *Une visite guidée de la cellule vivante,* Bruxelles, De Boeck-Wesmael ; Paris, Intersciences, 1987.
2. *Construire une cellule,* Bruxelles, De Boeck-Wesmael, 1990.

un domaine où les travaux célèbres de Stanley Miller avaient mené au développement d'une nouvelle chimie, dite « prébiotique » ou « abiotique », sur laquelle ma formation de biochimiste m'a permis de jeter un éclairage nouveau qui m'a valu une certaine attention de la part des spécialistes. Ceux-ci ont été jusqu'à m'inviter à faire partie de leur groupement professionnel. On m'accorde notamment le mérite d'avoir attiré l'attention sur l'importance du soufre et de ses dérivés, les thioesters, dans le développement de la vie. En cela, j'obéissais à un besoin qui ne me quittait jamais. Chaque fois que je rencontrais un nouveau problème, je ne me contentais pas de relater en témoin ce que les autres avaient trouvé. Je ne pouvais pas m'empêcher de réfléchir sur la question et d'ajouter mon « grain de sel », au risque de me voir accusé de « braconnage ». Étant affligé d'une mémoire exécrable, je n'ai jamais été un collectionneur de faits, de dates, de noms, de citations ou d'anecdotes distrayantes. Pour retenir des choses, je dois trouver entre elles un lien logique. De tempérament, je ne suis pas un érudit, mais plutôt ce que, à défaut d'un terme moins prétentieux, j'appellerais un « penseur ». Utile pour un chercheur, ce trait l'est moins pour un « vulgarisateur » et peut irriter les spécialistes.

L'origine de la vie conduisant logiquement à son histoire, je me suis trouvé forcé de sortir de mes compétences, en biochimie et biologie cellulaire, pour aborder des domaines sur lesquels je ne possédais que des notions rudimentaires retenues du cours de biologie générale que j'avais suivi pendant mes études de candidature en médecine. C'est ainsi que je me suis initié à la paléontologie, à l'évolution biologique, à l'anthropologie et à l'avènement de l'humanité, et que j'ai rencontré pour la première fois de près ces géants que furent Lamarck et Darwin. Je suis même allé jusqu'à essayer de m'éclairer sur le problème particulièrement ardu du fonctionnement du cerveau. Le fruit de ce long travail d'étude et de découverte devint l'objet d'un nouvel ouvrage [1], dans lequel j'aborde aussi pour la première fois le problème du « sens », mais tout en prenant soin prudemment de m'en tenir à des considérations déduites des connaissances scientifiques, sans faire appel à la religion ou à

1. *Poussière de vie*, Paris, Fayard, 1996.

la métaphysique, afin de ne pas choquer mon entourage.

Ce n'est qu'au terme de ce long périple que j'ai posé, pour la première fois, en 2002, la question cruciale « Et Dieu dans tout cela ? », pour confier le fond de ma pensée [1]. Après une digression sur les singularités de la vie destinée à mes amis scientifiques [2], j'ai complété ce parcours de près de trente ans par un regard sur l'avenir de l'humanité et de la vie sur Terre, éclairé par la conception darwinienne de la sélection naturelle. C'est l'objet de mon dernier livre, dans lequel je me penche plus particulièrement sur ce que j'ai appelé le « péché originel génétique », à savoir les traits héréditaires que la sélection naturelle a préservés chez nos ancêtres, à qui ils étaient utiles dans les conditions où ils vivaient, mais qui sont devenus nocifs aujourd'hui [3]. Dans cet ouvrage, je propose, notamment, que les écrivains sacrés qui ont écrit la Bible étaient conscients de cette faille héréditaire de la nature humaine et ont inventé le mythe de la faute originelle pour l'expliquer. D'où le titre un peu

1. *À l'écoute du vivant*, Paris, Odile Jacob, 2002.
2. *Singularités*, Paris, Odile Jacob, 2005.
3. *Génétique du péché originel*, 2ᵉ édition, Paris, Odile Jacob, 2010.

« accrocheur » de l'ouvrage, qui n'a évidemment rien à voir avec l'exégèse. Ce fut le départ d'une ultime réflexion, qui m'a conduit d'une manière tout à fait inattendue à retrouver le Jésus de mon enfance sous une forme toute nouvelle, inspirée par Darwin.

Un dernier regard en arrière

Qu'il me soit permis, avant de passer à cette ultime partie, de jeter un dernier regard sur les soixante-sept années qui se sont écoulées depuis mon entrée à l'université jusqu'au moment où j'écris ces lignes.

Évoquant le titre de l'ouvrage célèbre de Jacques Monod, j'y vois un mélange de hasard et de nécessité. Pour ce qui est du premier, j'ai déjà souligné à maintes reprises dans les pages qui précèdent le rôle prépondérant qu'il a joué dans les principaux choix d'orientation qui ont jalonné mon parcours. Quant à la seconde, je crois pouvoir la situer dans ce besoin d'excellence qui m'a animé dès ma prime enfance et que je me suis ensuite efforcé de cultiver tout au long de ma vie et d'inculquer autour de moi.

De Darwin à Jésus

Qu'on se rassure. Ceci n'est pas l'histoire d'un *born-again Christian* qui se repentit de ses péchés et réintègre le droit chemin. Ce n'est pas non plus le témoignage d'un mécréant qui a retrouvé la foi de son enfance. C'est le récit d'une révélation qui m'est venue soudainement à la relecture d'un article [1] que j'ai écrit pour un quotidien belge, en février 2011, sous l'emprise d'une irritation croissante suscitée par la futilité des zizanies politiques qui divisaient mon pays, et le divisent toujours au moment où j'écris ces lignes, alors que l'avenir du monde est de plus en plus menacé. Ce texte, que je reproduis ci-dessous sous une forme quelque peu amendée, emmenait le lecteur aux débuts de l'humanité, au centre de l'Afrique.

1. « Sommes-nous condamnés par nos gènes ? », *La Libre Belgique*, 19-20 février, 2011.

Une aurore africaine

Reportons-nous en imagination, ai-je proposé, quelque cent mille ans en arrière, dans un coin de forêt ou de savane africaine occupé par une petite bande de nos lointains ancêtres, composée d'une cinquantaine d'individus des deux sexes et de tous âges (le plus souvent en dessous de trente ans, car peu d'entre eux vivaient plus longtemps). Entièrement nus, noirs et velus, ils ont un aspect plus simiesque qu'humain, sauf qu'ils marchent sur deux pattes, en utilisant les deux autres pour saisir, porter et manipuler des objets. Surtout, ils ont une tête quatre fois plus grosse que celle des plus grands singes qui les entourent. Leur principale activité consiste à chercher à survivre, par la chasse et la cueillette, et à se reproduire. Cette aptitude, héritée de leurs ancêtres, qui lui doivent leur succès, a été imprimée dans leurs gènes par la sélection naturelle, comme devait le découvrir près de cent millénaires plus tard leur lointain descendant, Charles Darwin.

Parmi les traits reçus avec cet héritage, il y avait avant tout les produits de ce cerveau hypertrophié qui différenciait nos ancêtres des autres singes, les qualités d'habileté, d'intelligence et d'inventivité qui leur permettaient d'élaborer des outils, des stratégies et des procédés pour trouver de la nourriture, s'abriter des rigueurs climatiques, se défendre contre les prédateurs et, d'une manière générale, améliorer leurs chances de survie ; avec, en outre, les moyens de transmettre ces innovations de génération en génération par l'apprentissage et la culture. À ces qualités s'ajoutaient certains traits de comportement, que je réunis sous le vocable d'« égoïsme de groupe », joignant la recherche de l'avantage personnel à la solidarité entre individus du même groupe, allant parfois même jusqu'à l'altruisme. Ces traits avaient été retenus par la sélection naturelle pour des raisons évidentes. Pour survivre, on doit d'abord veiller à son propre intérêt, avec ce correctif que, dans le cadre d'un groupe, il est plus utile à la survie individuelle de s'entraider entre membres du groupe que de se chamailler.

Le groupe dont je parle n'était pas le seul à tenter de survivre dans les forêts et les savanes africaines. D'autres faisaient de même avec des moyens similaires, essayant d'accaparer pour leur seul bénéfice les habitats les plus cléments, les végétations les plus riches et les terrains de chasse les plus giboyeux, sans compter les femelles les plus désirables. D'où cet autre trait de survie inscrit dans les gènes de nos ancêtres : l'hostilité et l'agressivité à l'égard d'autres groupes.

Les choses ont bien changé depuis. Nous sommes sept milliards, plutôt que quelques milliers, entraînés dans une progression de plus en plus vertigineuse, qui a été jusqu'à quadrupler notre nombre en à peine un siècle et est loin de s'arrêter. Au lieu d'un petit coin d'Afrique, nous occupons la presque totalité des espaces habitables de la planète. Nous exploitons pour survivre une majeure partie des ressources naturelles, faisant peser sur elles les menaces croissantes de l'épuisement et de la pollution. Tout cela, nous l'avons accompli et l'accomplissons grâce aux outils de plus en plus perfectionnés que le cerveau humain a conçus et que des moyens de communication de plus en plus efficaces permettent aujourd'hui de diffuser presque instantanément à travers le monde entier.

Fait particulièrement marquant, nous avons réalisé tout cela avec un cerveau dont les capacités n'ont pas beaucoup évolué. Ce qui a surtout changé, ce sont les informations et les moyens d'action que le cerveau a produits et conservés dans les acquis cumulatifs de la culture. Surtout, nos gènes ont à peine changé, car, pendant presque tout le temps qui s'est écoulé depuis l'époque que j'ai rappelée, peu de traits nouveaux se sont révélés suffisamment avantageux pour être retenus par la sélection naturelle. Nous restons avec des traits qui ont été préservés parce qu'ils étaient utiles à la survie de nos ancêtres dans les conditions où ceux-ci ont vécu, sans égard pour les conséquences ultérieures, bonnes ou mauvaises, qui pouvaient en découler. La sélection naturelle ne prévoit pas l'avenir.

Le patrimoine génétique de l'humanité ne s'est pas grandement modifié depuis les jours où nos ancêtres poursuivaient une existence précaire au cœur de l'Afrique. L'égoïsme solidaire de groupe et l'hostilité entre groupes sont toujours de mise. Ce qui a changé, c'est la composition des groupes. Ce sont moins des familles, des tribus, des clans, que des associations plus vastes d'individus unis par l'ethnie, le territoire, la nation, l'appartenance politique, la langue, la culture, la religion, soit tout ce qui est susceptible d'« unir contre ». Il suffit de regarder autour de soi pour s'en rendre compte. La gauche se dresse contre la droite, les Wallons contre les Flamands, les laïcs contre les croyants, les chrétiens contre les musulmans, les autochtones contre les allochtones, les supporters d'un club contre ceux d'un autre, et j'en passe. On n'en est heureusement pas encore à en venir aux mains, sauf parfois après un match ou au cours d'une confrontation politique. Malheureusement, il n'en va pas de même dans d'autres parties du monde, ravagées par des conflits. J'ajoute, pour ne pas me présenter en sage qui fait la leçon aux autres, que j'ai les mêmes traits génétiques. J'ai le culte de ma famille, de mon pays, de ma culture, et j'admets difficilement qu'on ne pense pas comme moi.

Les perspectives d'avenir ne sont pas plus brillantes. Un coup d'œil sur les médias n'incite guère à l'optimisme. Où que ce soit, l'humanité semble rester prisonnière de ses gènes, esclave de ce « péché originel génétique » auquel j'ai fait allusion plus haut, condamnée à répéter les erreurs du passé jusqu'à ce que la sélection naturelle aille au bout de son œuvre fatale, à moins d'un revirement de dernière minute.

Même dans notre petit pays de Belgique, dit « de cocagne », des femmes et des hommes, cependant de bonne volonté, s'épuisent dans des querelles qui ne peuvent paraître que vaines et futiles dans le contexte des menaces qui pèsent sur l'avenir de l'humanité. Quant au restant du monde, les prévisions ne sont pas meilleures. Dans beaucoup d'endroits, elles sont bien pires, dominées par des conflits sanglants et le risque croissant d'un holocauste nucléaire. J'avais à peine écrit ces lignes qu'un tsunami dévastateur menaçait de destruction une demi-douzaine de centrales atomiques japonaises et que la Libye s'embrasait, avec des conséquences dont l'ampleur ne peut pas encore être estimée.

Nos gènes n'ont pas changé, ou à peine. En revanche, les pouvoirs qu'ils nous ont permis d'acquérir et les responsabilités qui en découlent sont incommensurablement supérieurs à ceux de nos ancêtres il y a cent mille ans.

Y a-t-il quelque chose à faire avant que la sélection nous fasse payer le prix fort, jusqu'à entraîner notre extinction, comme elle a eu raison de tous les hominidés qui nous ont précédés ? Certainement pas changer nos gènes. Nous n'en avons ni le temps, ni les moyens techniques, ni, surtout, les connaissances. Nous ne saurions pas quels gènes supprimer, ni par quels gènes les remplacer.

Non, notre seul espoir réside dans ce qu'on appelle l'épigénétique, ce qui s'ajoute au génétique après la conception. Il nous faut tirer parti de la faculté unique que la sélection naturelle nous a conférée d'agir contre elle. Nous sommes les seuls parmi tous les êtres vivants à posséder le pouvoir de nous y opposer sciemment et volontairement, de prévoir l'avenir et d'agir en conséquence, de sacrifier le présent pour un bien futur, de vaincre notre propre nature. Mais, pour tirer parti de cette faculté, il faut l'éducation. Et pour éduquer, il faut des éducateurs. Et pour avoir des éducateurs, il faut des maîtres, des guides, des sages. Encore faut-il, si on trouve cette denrée rare, un monde où ils seront écoutés.

Une révélation

C'est ici que j'arrive à la conclusion imprévue de ce long voyage que le hasard – encore lui – m'a permis de mener jusqu'à son ultime destination. Il se fait que celle-ci, par un étrange détour circulaire passant par Darwin, rejoint son point de départ chez les jésuites anversois il y a quatre-vingts ans. Alors que je relisais mon évocation africaine, une pensée m'est soudainement venue à l'esprit : le sage dont notre monde a besoin ou, du moins, l'un d'eux a bel et bien existé. Et c'était il y a deux mille ans. Ce sage, il se nomme Jésus.

Je reconnais que ma « révélation » n'a rien d'original, sauf son contexte darwinien, qui confère une profonde signification nouvelle au message de Jésus. Ce que celui-ci enseigne, c'est exactement le comportement qu'il faut pour contrecarrer les méfaits de la sélection naturelle et sauver l'humanité de la perte à laquelle ses gènes la condamnent.

Lorsque Jésus dit : « Aimez-vous les uns les autres », il ne prône pas seulement la solidarité au sein d'un groupe égoïste en concurrence avec d'autres groupes. Il s'adresse à l'ensemble de l'humanité, dans le contexte géographique et ethnique qui était le sien. C'est en tout cas ce que l'on est tenté de déduire de son accueil de la Samaritaine, qui implique un rejet des particularismes, des nationalismes et des sectarismes. Le prochain qu'on doit aimer n'est pas seulement un membre du même clan, de la même communauté ; c'est n'importe quel être humain. Voilà qui joue contre ce que j'appelle l'« égoïsme de groupe » inscrit dans nos gènes.

De même, en chassant les marchands du Temple, il ne fait pas que condamner la pratique, courante à son époque, par laquelle le sacré est exploité par une caste cléricale qui devrait, au contraire, le défendre. Il s'élève en même temps contre l'âpreté au gain en général, contre la poursuite égoïste du profit héritée de nos lointains ancêtres.

En dénonçant les prêtres et les pharisiens, il réprouve l'orgueil, la suffisance, l'hypocrisie et l'autoritarisme de certains dirigeants religieux, ainsi que les abus de toutes sortes que nombre d'entre eux ont commis au nom de leurs certitudes et, trop souvent, pour leur propre bénéfice.

Lorsqu'il désarme Pierre en lui disant : « Celui qui vit par le glaive périra par le glaive », il prend également parti contre l'hostilité entre groupes qui est inscrite dans notre patrimoine génétique.

Par son attitude à l'égard de Marie Madeleine et des autres femmes de l'Évangile, il se dresse, d'une manière peut-être encore plus révolutionnaire, contre les fondements d'une société dominée par des mâles sexistes, contre la place subalterne qui y est imposée aux femmes et contre la notion d'impureté liée à la féminité dans la culture de son temps.

Ces quelques exemples, empruntés à de lointains souvenirs de ma jeunesse pieuse, suffisent à conforter mon propos. Jésus compte indubitablement parmi les rares sages susceptibles d'aider les humains à surmonter leur fardeau génétique et à se libérer du joug de la sélection naturelle. Il y en a d'ailleurs peut-être d'autres, tels Bouddha ou Confucius, mais ils ont moins d'influence sur le monde occidental.

Malheureusement, ma conclusion serait plus simple si, à côté des textes que j'ai cités, les Évangiles n'en contenaient pas d'autres qui projettent de Jésus des images différentes, que leurs auteurs ont retenues pour des raisons historiques, ou même remodelées en fonction des préoccupations des premières communautés chrétiennes et de leurs représentants.

Il y a d'abord le prophète incendiaire que le doute n'habite pas et qui, convaincu de sa mission divine, n'hésite pas à affirmer : « En vérité, je vous le dis », et à condamner au feu éternel ceux qui refusent son enseignement. Il y a aussi le meneur d'hommes qui entraîne les foules par les chemins de Galilée et les émerveille par ses prodiges. Il y a encore le rebelle qui se révolte contre le pouvoir des autorités en place, au point d'encourir la condamnation qui mènera à son exécution. Enfin, il y a le divin Jésus de la tradition messianique de la Bible que les Églises qui s'en réclament proposent à leurs adeptes comme le Rédempteur destiné à sauver l'humanité des conséquences de la faute originelle commise par ses premiers parents.

Élevé au rang de fils de Dieu opérant par le Saint-Esprit et d'une vierge préservée dans ce but de la tache originelle, ce dernier Jésus, dénommé Christ pour cette raison, est présenté comme l'incarnation, en même temps Dieu et homme, du Messie attendu. Sa double nature est censée expliquer toute sa vie, consacrée à ses semblables avec des moyens strictement humains, mais en faisant appel de temps à autre à des pouvoirs surnaturels pour guérir un lépreux, rendre la vue à un aveugle, faire marcher un paralytique, redonner la vie à Lazare, transformer des cailloux en pains, changer l'eau en vin, calmer la tempête ou remplir le lac de Galilée de poissons. Lui-même mourra en homme, en subissant les pires souffrances et avanies que les hommes pouvaient infliger, jusqu'à l'agonie sur la croix et au désespoir de se sentir abandonné. Mais il ressuscitera ensuite triomphalement le troisième jour, pour se retrouver assis à la droite de Dieu, son père, où il attend les justes.

Cette transfiguration du personnage historique, qui s'est progressivement précisée et enjolivée au cours des siècles, continue, en dépit de ses invraisemblances, de nourrir l'imagination et la crédulité de plus d'un milliard d'humains et de combler leur soif du sacré, trop souvent confondu avec le merveilleux.

De l'annonce faite à Marie jusqu'à la dernière apparition de son fils ressuscité avant son ascension au Ciel, les moindres étapes de cette vie reconstruite à partir de quelques bribes historiques ont acquis une puissance de réalisme extraordinaire, que le génie d'innombrables artistes et musiciens a imprimée dans nos esprits, au point que l'image et le son l'emportent sur le sens critique et la froide raison.

Ce ne serait qu'un moindre mal, ou peut-être même un bien, si ce mythe n'avait été exploité à des fins qui n'ont rien de commun avec le message originel. Je passe sur les excès et les horreurs du passé, l'acquisition de richesses démesurées et de pouvoirs iniques, sans compter les inquisitions, les exécutions, les tortures, les croisades et toutes les autres expéditions sanglantes de conquête et de subjugation perpétrées sous le prétexte de la défense et de la propagation de la foi. Heureusement, de tels crimes ne sont plus commis aujourd'hui au nom de Jésus, encore que des faits de violence le soient encore trop souvent au nom d'Allah ou même, exceptionnellement, de Jahvé.

Il reste que certaines autorités religieuses n'ont pas abandonné leur prétention à détenir la vérité suprême, allant même jusqu'à s'octroyer un brevet d'infaillibilité dans certaines matières. Elles continuent de s'arroger le droit de décréter des articles, dits « de foi », qui doivent être acceptés sans preuve, parfois même à l'encontre de données scientifiquement établies. Dans leurs recommandations éthiques, domaine où elles sont particulièrement appelées à formuler des directives, les religions s'appuient trop souvent sur des lois qu'elles définissent d'autorité comme « naturelles », inscrites à dessein au cœur même de la nature humaine par la volonté d'un Créateur. Dans leur structure – je songe ici particulièrement à l'Église catholique – certaines sont organisées sur un mode pyramidal qui accorde l'autorité suprême à un individu unique, issu lui-même d'un petit cénacle autoperpétué de vieillards célibataires et misogynes, souvent d'intelligence brillante, mais engoncés dans leur pourpre, leurs rites, leurs certitudes et leur prétention de légitimité.

Malgré tout cela, à l'exception de quelques brebis galeuses révélées par des scandales récents, le clergé de nos pays compte une majorité de prêtres sincères, honnêtes et dévoués, qui rendent de grands services à la société en dehors de leur mission strictement pastorale. L'Église catholique et les autres Églises chrétiennes continuent d'exercer, dans de nombreuses parties du monde, des fonctions hautement bénéfiques en matière d'éducation, d'action sociale et de soins aux déshérités et aux malades. De plus, les églises (écrites avec un é minuscule) restent des lieux privilégiés pour la célébration des événements heureux ou tristes qui émaillent la vie des humains.

Une nouvelle forme de rédemption

De toute évidence, le message de Jésus reste d'une actualité brûlante. Dans son essence, il annonce une nouvelle forme de rédemption qui correspond exactement à ce que notre vision darwinienne de la condition humaine recommande si nous voulons échapper aux conséquences fatales de la tache originelle imprimée dans nos gènes par la sélection naturelle. Toutefois, pour être efficace, il doit être détaché de son contexte biblique et adapté aux conditions nouvelles de l'humanité, totalement imprévisibles du temps de Jésus. Surtout, il doit être débarrassé de la mythologie qui a été développée autour de lui au cours des siècles, qui réserve sa portée centrale aux seuls croyants. Car c'est ici que le bât blesse.

D'où viendra l'initiative ?

L'idéal serait que celle-ci parte du sommet et atteigne l'ensemble des fidèles par le biais des infrastructures puissantes que les Églises chrétiennes ont créées de par le monde dans le but, précisément, de répandre le message de Jésus. Ce serait de loin la solution la plus simple. Un tel espoir paraît cependant peu réaliste dans la chrétienté organisée d'aujourd'hui. De l'intransigeance doctrinale du Vatican au littéralisme biblique des baptistes du sud des États-Unis, en passant par les positions défendues par les nombreuses autres Églises qui se réclament de l'héritage de Jésus, les divergences sont telles qu'on voit difficilement comment toutes ces hiérarchies pourraient arriver à s'unir ou, même, comment une seule d'entre elles consentirait à renoncer à ses privilèges. Non, la réforme ne peut venir que de la base.

Clercs et laïcs, croyants et libres-penseurs de toute obédience doivent, non pas effacer leurs différences – ce serait impossible – mais chercher ensemble, au-delà de ce qui les divise et avec le concours du plus grand nombre possible de philosophes, de moralistes, de scientifiques et d'autres penseurs unis par l'honnêteté intellectuelle, un énoncé du message de Jésus adapté aux conditions actuelles et sur lequel ils pourraient se mettre d'accord. Il appartient à tous les hommes et femmes de bonne volonté de définir ensemble, dans le cadre de ce message – qu'il me paraît préférable de ne pas appeler chrétien pour éviter les amalgames – les directives qu'il conviendrait de suivre pour nous délivrer de notre « péché originel génétique ».

C'est en tout cas ce à quoi j'appelle.

Ce ne sera pas chose facile, vu la puissance et le pouvoir de persuasion des autorités qui, pour toutes sortes de raisons, refusent de faire les concessions qu'un tel consensus exigerait. Je crois toutefois pouvoir déceler autour de moi certains indices laissant entrevoir une évolution dans le sens souhaitable. De toute façon, c'est notre seul espoir si nous voulons tirer parti, avant qu'il ne soit trop tard, d'une manière humaine et rationnelle des moyens, préservés par la sélection naturelle, qui, paradoxalement, pourraient nous permettre d'en contrecarrer les conséquences délétères.

Esquisse d'une pensée

Une amie, après avoir lu une ébauche des passages qui précèdent, me demande : « Qu'est-ce que tu crois ? » Ma première réaction a été de répondre, comme je l'ai fait plusieurs fois par le passé à une question similaire : « Le mot "croire" ne figure pas dans mon dictionnaire. » Puis, je me suis ravisé. « Le mot "croire" qui ne figure pas dans mon dictionnaire, c'est celui qui s'applique à des affirmations non démontrées ou indémontrables. Je ne le récuse pas dans d'autres acceptions. »

Ce que je crois

Je crois que la Terre est ronde et qu'elle tourne sur elle-même une fois par jour et autour du Soleil en un peu plus de 365 jours. Je crois que la lumière se déplace à la vitesse de 300 000 kilomètres par seconde et que ce chiffre, porté au carré et multiplié par la masse d'un objet, mesure le contenu en énergie de celui-ci. Je crois que tous les êtres vivants connus, y compris les humains, descendent par évolution d'une forme ancestrale unique. Je crois que l'ADN est le support de l'information génétique, sauf dans certains virus, où c'est sa substance sœur, l'ARN, et qu'il est répliqué, comme ce dernier, par appariement de bases, A avec T ou U, G avec C.

Tous ces points, et bien d'autres, j'y adhère parce que j'en connais les preuves, mais en gardant toujours en tête une réserve : jusqu'à preuve du contraire. Je sais bien que cette précaution est inutile dans de nombreux cas, mais elle fait partie du discours scientifique et l'expérience montre qu'elle reste d'actualité. Les discontinuités des quanta et les modifications apportées aux notions de temps et d'espace par la relativité ont pris de court la plupart des physiciens. Pour ma part, j'ai vécu dans une surprise totale la découverte des gènes morcelés, inattendue de tous. Imaginez un livre où divers passages seraient entrecoupés de charabia qui doit être extirpé ultérieurement pour en permettre la lecture. Cela défie le bon sens. C'est cependant ce que la sélection naturelle a retenu. Les messages d'ADN sont souvent écrits par fragments, appelés « exons », séparés par des parties sans signification, appelées « introns ». Après transcription de la totalité du texte en ARN, un extraordinaire processus de « couper-coller » excise les introns et lie les exons pour constituer le vrai message.

Le doute méthodique

Mon maître en discipline intellectuelle a été René Descartes, le plus célèbre élève des pères jésuites, de qui je devais recevoir ma propre formation plus de trois cents ans après lui. Voici son premier précepte : « Ne recevoir jamais aucune chose pour vraie que je ne la connusse évidemment être comme telle, c'est-à-dire [...] éviter soigneusement la précipitation et la prévention, et [...] ne comprendre rien de plus en mes jugements que ce qui se présenterait si clairement et si distinctement à mon esprit que je n'eusse aucune occasion de le mettre en doute. » Il exprime ainsi avec élégance et précision la règle à laquelle j'ai toujours essayé de me soumettre et que chacun, scientifique ou non, devrait s'efforcer d'observer : ne rien admettre qui ne soit prouvé d'une manière irréfutable.

J'avoue que j'ai aussi suivi Descartes dans certaines de ses faiblesses. C'est ainsi qu'à son instar, j'ai longtemps répugné à exprimer publiquement mes opinions. Il s'agissait pour moi de ne pas choquer mon entourage. Pour Descartes, au contraire, cette prudence relève plutôt de la crainte. Il connaissait la mésaventure de Galilée et il ne voulait pas partager son sort. C'est pourquoi, avant d'exposer sa vision mécaniste du corps humain, il s'empresse de préciser que tout cela c'est « ce qui arriverait dans un nouveau, si Dieu créait maintenant quelque part dans les espaces imaginaires assez de matière [...] et que, par après, il ne fît autre chose que prêter son concours ordinaire à la nature, et la laisser agir suivant les lois qu'il a établies ». Et d'ajouter : « Je ne voulais pas inférer de toutes ces choses que ce monde ait été créé en la façon que je proposais : car il est bien plus vraisemblable que, dès le commencement, Dieu l'a rendu tel qu'il devait être. » En d'autres termes, ce n'est pas ce que Descartes croit qu'il écrit, mais une histoire « comme si ». On ne peut imaginer attitude plus « jésuitique ».

Notons encore que l'auteur du *Discours de la méthode* n'est pas seulement le penseur rigoureux qui a codifié pour la première fois les principes de la démarche scientifique. Il s'est aussi aventuré sur un terrain beaucoup plus incertain avec sa théorie, que je trouve fort discutable, du dualisme. J'y reviendrai plus loin.

Le problème, si l'on veut observer aujourd'hui le premier précepte de Descartes, c'est que, contrairement à lui, nous ne pouvons prétendre avoir accès à tout le savoir de notre temps. Individuellement, nous savons fort peu de chose et, dans de nombreux cas, nous n'avons pas la formation nécessaire pour comprendre les arguments qui étayent une thèse ou l'invalident. Dans beaucoup de domaines un peu spécialisés ou précis, nous en sommes tous plus ou moins réduits, pour façonner notre opinion, à faire « confiance » (dérivé de *fides*, pour « foi ») aux experts. La science repose sur cette fiabilité (toujours la même racine) des experts, laquelle dépend de leur rigueur et de leur honnêteté intellectuelle, de leur soumission à ce que Jacques Monod appelait l'« éthique de la connaissance ».

Dans l'ensemble, le système fonctionne relativement bien ; mais il a ses failles. Les scientifiques ne sont pas à l'abri des faiblesses humaines, telles que l'amour-propre, la vanité, l'ambition, la soif de gloire ou l'appât du gain, qui entament parfois l'intégrité de certains d'entre eux. De plus, ils ne sont pas infaillibles, ni toujours particulièrement intelligents ou correctement informés. Et, surtout, de nombreuses questions restent objets de controverses qui ne sont pas encore tranchées ou dont les aspects éthiques, sociaux, financiers ou politiques compliquent le débat. L'énergie nucléaire et les OGM sont des exemples frappants de ce genre de désaccords.

Il nous faut pourtant nous résigner. Malgré notre soif de certitudes, il nous faut vivre avec nos doutes et nous en tirer le mieux possible en essayant de rester objectifs, honnêtes et rationnels. Cela vaut mieux que les fausses certitudes des dogmatismes. Et je ne songe pas seulement aux assertions de certains magistères religieux. Certains scientifiques n'hésitent pas à affirmer des convictions, ou le manque de celles-ci, qui vont au-delà de ce qui est scientifiquement démontré ou démontrable. Exemple : l'athéisme militant d'un Richard Dawkins ou d'un Steven Weinberg. La science ne peut pas démontrer l'inexistence de Dieu, pas plus, d'ailleurs, que son existence.

Ce que je ne crois pas

Voilà pour ce que je crois. Qu'en est-il de ce que je ne crois pas ? Ici la même prudence s'impose. Ne pas croire, c'est encore une forme de foi ; c'est formuler une opinion. Elle doit être assortie de la même réserve mentale. Sauf qu'ici, on a toutes les raisons de ne pas croire. On reste, par principe, ouvert à la révélation de faits nouveaux, mais, cependant, avec des degrés. Quand je dis ne pas croire aux miracles ou à la magie, c'est parce que je sais que les lois naturelles s'y opposent. Pour m'inciter à changer d'avis, il faudrait des preuves indiscutables. Autre chose est, évidemment, des événements prétendument miraculeux qui s'avèrent admettre une explication naturelle. Par contre, là où les connaissances manquent, je suis tenté de rester plus prudent et plus ouvert.

Cette attitude n'est pas sans danger, car elle peut être exploitée par cette frange influente d'intellectuels dits « spiritualistes », qui, sous prétexte que « la science n'explique pas tout », défendent des théories scientifiquement inacceptables, telles que le « dessein intelligent » et d'autres formes de finalisme. Si je m'oppose avec la dernière vigueur à une telle dénaturation de l'objectivité scientifique, je ne puis m'empêcher de réagir aussi à l'attitude de certains scientifiques qui n'hésitent pas à affirmer que « tout est explicable ». Une telle affirmation relève, elle aussi, du dogmatisme. Elle confond ce qui est prouvé avec le postulat, l'hypothèse de travail, indispensable à toute entreprise de recherche. Pour chercher, on doit supposer au départ que ce que l'on cherche est explicable. Même si les extraordinaires succès des recherches fondées sur cette hypothèse plaident en sa faveur, elle reste une hypothèse. Ce problème se pose particulièrement pour le fonctionnement du cerveau.

L'énigme du cerveau

Parmi les problèmes qui continuent à défier les efforts des scientifiques il n'en est probablement pas de plus ardu que le fonctionnement du cerveau. Des progrès immenses ont été accomplis dans la description phénoménologique des processus en cause à l'aide des moyens les plus raffinés de la physique et de la chimie. Toutefois, l'essence de ces processus reste incomprise. Lorsque feu Francis Crick affirme : « Vous n'êtes rien d'autre qu'un paquet de neurones », il a sans doute raison, mais il n'explique en rien comment ce paquet de neurones génère le phénomène mystérieux que nous appelons « conscience », que chacun de nous connaît par expérience personnelle mais qui échappe à toute caractérisation objective, phénomène que d'aucuns préfèrent réduire au rang d'« épiphénomène », en dépit du rôle dominant qu'il paraît jouer dans toutes les œuvres du cerveau humain.

Dans une telle situation, en effet, la tentation est grande d'assimiler les mécanismes qu'on essaie de comprendre aux moyens qu'on met en œuvre à cet effet, soit, par exemple, d'affirmer, avec Crick, que le cerveau n'est « rien d'autre » que ce qui est accessible à nos moyens d'investigation. C'est ce que font de nombreux neurobiologistes aujourd'hui. Je m'incline devant leur savoir, qui dépasse de loin mon entendement, mais je m'autorise de leur ignorance pour garder l'esprit ouvert.

Je reste impressionné par le fait que le cerveau humain est la machine la plus extraordinaire qui soit connue, avec un total de connexions interneuronales de l'ordre de 10^{15} (un million de milliards), soit, selon une estimation grossière que j'ai faite, plus qu'il n'y a de micropuces dans tous les ordinateurs du monde réunis. Il est vrai que certains ordinateurs dépassent de loin notre cerveau en performance, tout comme les moteurs accomplissent des travaux dont nos muscles sont totalement incapables. Toutefois, les ordinateurs, au même titre que les moteurs, ne sont que des outils inventés par notre cerveau.

Aussi longtemps que nous ne comprendrons pas le fonctionnement de notre machine cérébrale, je crois que certaines spéculations restent permises, y compris l'hypothèse, rejetée vigoureusement par la plupart des neurobiologistes, que des phénomènes physiques inconnus sont en jeu. Peut-être faudra-t-il un cerveau plus puissant que le nôtre pour en pénétrer le fonctionnement.

À ce propos, ce qui me frappe particulièrement, c'est la taille du cerveau humain par rapport à celui d'un chimpanzé. Le facteur est de quatre, peut-être un peu plus pour le seul cortex cérébral, siège de la conscience. C'est en même temps beaucoup et peu. Beaucoup si l'on songe que ce quadruplement s'est fait en quelques millions d'années, alors qu'il a fallu plus de cent fois plus de temps pour passer du petit collier d'une demi-douzaine de neurones d'une méduse primitive au cerveau du dernier ancêtre que nous avons en commun avec le chimpanzé. Cette remarquable accélération du développement cérébral au cours de l'hominisation pose un des problèmes les plus redoutables de l'évolution.

En même temps, cependant, cette expansion étonne par sa petitesse par rapport à ses conséquences. Avec seulement quatre fois plus de neurones, on passe de capacités mentales tout juste suffisantes pour la fabrication de quelques outils primitifs – utiliser une pierre pour casser une coque, ou dénuder une branche et la plonger dans une termitière pour retirer une proie convoitée – aux facultés extraordinaires qui ont permis toutes les réalisations de la science, de la technologie et de la culture humaines !

Devant ce fait, on se prend à rêver à ce qu'un nouveau quadruplement – ou, même, une augmentation beaucoup plus modeste – de la masse cérébrale chez certains de nos lointains descendants pourrait engendrer comme capacités nouvelles. Que de vagues prémisses de ces capacités se manifestent déjà aujourd'hui chez certains individus génétiquement privilégiés – ceux que nous appelons du terme trop souvent galvaudé de « génies » –, tout comme on observe des signes avant-coureurs du comportement humain chez certains chimpanzés, me paraît dans l'ordre des possibilités que l'on ne peut pas exclure. De là à cautionner les prétentions de facultés paranormales il y a cependant un pas que je refuse catégoriquement de franchir, car on n'a aucune preuve valable que des phénomènes de ce genre se soient jamais produits. De plus, il s'agit d'un domaine où le charlatanisme et l'exploitation malhonnête de la crédulité humaine font des ravages.

Jusqu'à présent, je m'en suis tenu au savoir scientifique. Qu'en est-il de la philosophie ? Ce n'est pas mon domaine. Je ne suis adepte d'aucun système et ne suis plus tenu par la foi de mon enfance. Je ne retiendrai qu'un seul point : mon refus de tout dualisme.

Le dualisme et ses contradictions

Il y a d'abord le dualisme cartésien matière/esprit, qui, en dehors de sa connotation religieuse associant une âme immortelle à un corps mortel, est depuis longtemps passé dans le langage courant, le mot « matière » étant lié à la notion de brut, bas ou grossier, celui d'« esprit » à ce qui est noble, élevé. L'adjectif « matérialiste » est généralement interprété comme synonyme de vénal, corrompu ou intéressé, sauf par ceux qui s'en réclament avec fierté pour des raisons philosophiques.

Mon objection au dualisme cartésien n'est en rien idéologique ou physiologique ; elle est logique. Si matière et esprit sont d'essence différente, comment interagissent-ils ? Il doit nécessairement y avoir entre les deux une entité qui participe aux deux essences, un « adaptateur » branché, d'un côté, sur la matière et, de l'autre, sur l'esprit. De quelle nature est cet adaptateur ?

Le problème n'a pas échappé à la perspicacité de Descartes, qui fait appel, pour le résoudre, aux « esprits animaux », qu'il décrit comme « un vent très subtil, ou plutôt comme une flamme très pure et très vive », et auxquels il attribue le rôle d'opérer la jonction âme-corps dans la glande pinéale, ou épiphyse, dont la situation au cœur du cerveau témoigne de cette fonction. Ici, cependant, sa rigueur est prise en défaut, peut-être en raison de sa foi religieuse dont on sait qu'elle était profonde. Il ne se pose pas la question de savoir dans quelle catégorie – matière ou esprit – il faut classer les esprits animaux. Déjà de son temps, la question aurait été posée, paraît-il, par l'élève préférée de Descartes, la princesse Élisabeth de Bohême.

Pour moi, la réponse est claire : matière et esprit ne sont pas des entités différentes ; ce sont deux facettes d'une même réalité. Le dualisme cartésien doit faire place au monisme.

Un autre dualisme qui me cause problème est celui qui fait la distinction entre le Dieu créateur et son œuvre. Imprimée dans les croyances depuis les temps bibliques, cette distinction a été défendue comme une nécessité logique dans l'analogie de l'horloger proposée au début du XIXe siècle par le pasteur anglais William Paley dans sa *Théologie naturelle* : on trouve une montre ; donc, il doit y avoir un horloger. L'Univers existe ; donc, il doit y avoir un créateur, un être qui l'a fabriqué. Devant ce raisonnement qui, explicitement ou implicitement, étaye depuis des millénaires les grandes religions monothéistes, je ne suis pas seul à poser la question : d'où vient le créateur ? Soit il a été lui-même créé, ce qui ne peut que mener à une interminable poupée russe de créateurs successifs. Soit, comme l'affirment les théologiens, il est increé ; il *est*. Dans ce cas, pourquoi introduire la notion purement anthropomorphique – l'horloger – d'un créateur ? Pourquoi ne pas considérer l'Univers comme étant lui-même increé, comme étant la seule et « Ultime Réalité » ? C'est, selon mes amis philosophes, la thèse défendue par le juif hollandais, excommunié par sa synagogue pour ses opinions, Baruch Spinoza (1632-1677), dont la doctrine est connue sous le nom de « panthéisme » – tout est Dieu –, auquel d'aucuns préfèrent celui de « panenthéisme » – tout est en Dieu.

Il existe une forme nouvelle de théologie naturelle, proposée par certains physiciens, sans référence explicite à un créateur, sous le nom de « principe anthropique ». Notre Univers, disent-ils, est le fruit de coïncidences physiques extraordinaires qui le rendent capable d'une manière unique de donner naissance à la vie et à l'intelligence. Que soit changée, ne serait-ce que d'une minime fraction, la valeur d'une des grandes constantes physiques, et notre Univers perdrait ces propriétés. Il est ainsi fait que, seul parmi des trillions d'univers possibles, il est « gros », terme que j'emprunte à Monod, de la vie et de l'intelligence humaine. De là à conclure qu'il est « fait pour nous » il n'y a qu'un pas, que n'hésitent pas à franchir les « spiritualistes », déjà mentionnés plus haut, qui croient deviner une finalité derrière les phénomènes naturels. Ce à quoi les « matérialistes » répondent par l'hypothèse d'un « multivers », qui serait constitué d'un nombre immense d'univers différents, parmi lesquels le nôtre posséderait, par pur hasard, les propriétés particulières qui le distinguent.

Pour ma part, je préfère me tenir à l'écart de telles spéculations et me contenter de ma position moniste, adoptée, comme pour le dualisme cartésien, pour des raisons logiques qui n'ont rien à voir avec des croyances. Pour moi, l'Univers, qu'il soit unique ou issu d'un multivers, reste signifiant par la nature de son contenu. D'où ma notion d'« Ultime Réalité ».

L'Ultime Réalité

Dans mon esprit, cette notion englobe l'ensemble de tout ce qui existe. J'y distingue, un peu artificiellement, car la réalité est une, plusieurs facettes répondant à des facultés mentales et à des aspirations différentes.

Il y a d'abord la facette intelligible accessible à l'intelligence rationnelle. C'est celle qui a été explorée par la science, avec des résultats qui continuent à faire notre délectation et, en même temps, notre étonnement et, parfois, notre inquiétude. Le biologiste que je suis n'a pas manqué de suivre avec un émerveillement croissant les progrès extraordinaires des connaissances dont, par le hasard de l'histoire, il a été un témoin privilégié. En l'espace d'une seule vie humaine, on est passé d'un état d'ignorance presque complète à un stade où il n'est pas interdit d'affirmer qu'on comprend la vie, du moins dans ce qu'elle comporte de propriétés communes à tous les êtres que nous appelons vivants, microbes, végétaux, mycètes, animaux et humains. Bien des précisions nous manquent et nous ne sommes sans doute pas à l'abri de surprises. Pour l'essentiel, cependant, on peut dire qu'on comprend les phénomènes vitaux fondamentaux en termes de structures et de processus physiques et chimiques. On n'en voudrait pour preuve que la remarquable maîtrise du vivant que nos connaissances nous ont permis d'acquérir. Fait exception le fonctionnement du cerveau, dont certains aspects cruciaux échappent jusqu'à présent à notre entendement.

Notre savoir ne concerne pas seulement la vie d'aujourd'hui, mais aussi son passé. Nous avons pu retracer les grandes étapes de son évolution, telles qu'elles s'inscrivent dans l'histoire de notre planète. Cependant, dans ce domaine, les lacunes restent encore importantes. Ainsi, on ignore toujours comment la vie est née, tout comme on ignore d'innombrables détails concernant son évolution. Toutefois, avec la mise au point de moyens techniques de plus en plus incisifs et performants à laquelle on assiste, on peut espérer que ces lacunes seront progressivement comblées dans l'avenir. Même si de nombreux éléments pourraient continuer à nous échapper, les grandes lignes du processus nous sont désormais connues, illuminées par la découverte de la sélection naturelle par Darwin, certes une étape majeure dans notre compréhension de la vie sur Terre.

À ces connaissances, auxquelles j'ai pu avoir accès grâce à ma spécialisation professionnelle, les cosmologues et les physiciens ont ajouté de précieuses informations, d'une part sur l'origine et l'histoire de l'Univers, depuis le Big Bang jusqu'à nos jours, et, de l'autre, sur la structure fine de cette matière que nous pensions si bien connaître par la physique classique et la chimie, ainsi que par ses manifestations biologiques. Ici, la surprise a été totale. Suite aux avancées effectuées par la physique théorique au cours du siècle passé, notre intellect a été entraîné hors de son cadre spatial et temporel familier, dans des régions insolites, qu'on ne peut approcher qu'à l'aide de mathématiques très compliquées, maîtrisées par une infime minorité de nos semblables. Ce monde étrange est sans doute plus proche de l'Ultime Réalité que notre monde familier. Pourrait-il devenir un jour directement accessible à l'intellect ? C'est la question que je me pose dans le cadre de l'hypothèse, évoquée plus haut, de l'avènement d'êtres nantis d'un cerveau plus volumineux que le nôtre, dont les performances pourraient dépasser tout ce que nous pouvons imaginer avec le nombre limité de neurones dont nous disposons.

Après l'intelligible, l'Ultime Réalité possède une facette sensible, accessible à l'émotion artistique. Les deux ne sont pas séparées par des cloisons étanches. Toute œuvre artistique a une structure intelligible. Mais celle-ci ne s'adresse pas directement à l'intellect, sauf éventuellement chez le seul initié, et sert avant tout de support à un message esthétique ou émotif. Ainsi, quand je lis : « Les sanglots longs des violons de l'automne bercent mon cœur d'une langueur monotone », je ne fais pas grief à Verlaine de faire sangloter des objets physiquement incapables de produire des larmes. Je me laisse bercer mélancoliquement en pensée par le ruissellement de la pluie sur des feuilles jaunies au fond de mon jardin. Je ne reproche pas à Malherbe d'accorder aux roses un caractère éphémère qu'aucun botaniste n'a observé lorsqu'il écrit : « Et rose, elle a vécu ce que vivent les roses, l'espace d'un matin. » Je souffre avec monsieur du Périer, qui vient de perdre sa fille, et compatis à sa douleur. C'est précisément l'art du poète d'utiliser des mots d'une manière qui, au-delà de leur signification intelligible, souvent sans importance ou même absurde à première vue, parle directement à notre capacité de percevoir la facette émotive de l'Ultime Réalité.

C'est dans cet esprit, me dit un ami croyant, qu'il faut lire la Bible. Ce n'est pas un traité de philosophie ou de théologie, ni un compte rendu historique. C'est une œuvre poétique qui exprime dans le langage de l'époque la réaction de ses auteurs à l'égard de l'Ultime Réalité, telle qu'elle a été appréhendée par les prophètes avec les connaissances et les croyances de leur temps.

On peut en dire de même des arts visuels. Quand je régale mes yeux des lignes pures d'une cathédrale gothique, je ne fais pas qu'admirer la maîtrise des architectes, maçons, tailleurs de pierres, sculpteurs et autres artisans qui ont construit ce merveilleux monument, je participe aux émotions qui ont animé, durant des siècles, les fidèles qui se sont pressés dans ces murs, j'entends leurs chants et leurs prières, je partage leurs peines et leurs espoirs, leurs émois et leurs effrois. Lorsque je contemple *Guernica*, je ne m'émerveille pas seulement devant le talent de Picasso, je revis les affres de la guerre civile espagnole, tout comme, dans un tout autre registre, je suis saisi par l'exquise sensualité du sein dénudé de la plus étrange des *Vierge à l'Enfant* que nous ait léguées la Renaissance, sans nécessairement m'attarder sur la délicatesse avec laquelle Jean Fouquet a manié son pinceau. L'art est porteur de l'émotion.

En musique, c'est la même chose. Seuls les musicologues perçoivent dans tous leurs détails les finesses de construction d'un quatuor ou d'une symphonie. Le commun des mélomanes leur est sensible intuitivement sans passer par l'analyse spécialisée. Quand je réentends Arthur Rubinstein jouer le deuxième mouvement de *La Pathétique* de Beethoven, j'oublie les doigts du virtuose, les finesses de la partition, même les tourments du compositeur. Mon cerveau se vide et j'ai le sentiment de communier avec l'inexprimable, avec, seulement, en filigrane, le souvenir d'un père pianiste amateur, sans formation technique mais au toucher délicat, qui, quittant l'instrument, disait : « Voilà ce que je voudrais qu'on me joue sur mon lit de mort. » Lorsque, par la médiation, bouleversante dans sa sobriété, de Gabriel Fauré, les anges m'invitent à les suivre *in Paradisum*, peu m'importe de savoir que les anges n'ont jamais existé ni qu'il n'y a pas de paradis pour m'accueillir. Ce qui m'émeut, ce n'est même pas la perspective de ma fin prochaine. C'est le souvenir de tous les êtres que j'ai aimés et qui ont disparu, en particulier celle qui a partagé ma vie pendant soixante-cinq ans.

Après le vrai et le beau, le bien, cette facette de l'Ultime Réalité qui distingue ce qui est bon et ce qui est mal, non pas sous la forme de commandements ou d'interdits mais, dans son essence, le simple fait qu'une telle distinction existe et fait partie de cette Réalité. À nous de définir, en tenant compte des droits des individus et des intérêts supérieurs de la société, les comportements pratiques à ranger dans l'une ou l'autre catégorie. C'est l'objet de la morale, ou éthique, dont les règles doivent nécessairement varier en fonction des circonstances.

C'est ici que je reviens à mon propos initial. Il nous faut des guides. Et, parmi ceux-ci, Jésus s'impose manifestement par son message, qui, adapté aux exigences de notre temps et aux vicissitudes de la condition humaine, rejoint l'Ultime Réalité par une facette qui résume toutes les autres : l'*Amour*.

Envoi

Plus de cent mille années se sont écoulées depuis l'époque où, au cœur de l'Afrique, les premiers représentants de notre lignée entamaient, sans en être conscients, la longue expédition qui devait les mener à conquérir le monde, nantis du cerveau hyperperformant qu'ils venaient d'acquérir, des gènes que la sélection naturelle avait retenus comme étant les plus utiles à la survie et à la reproduction de leurs ancêtres dans les conditions où ils vivaient et des avancées transmises cumulativement de génération en génération par la tradition, l'éducation et la culture.

Les quelque sept millénaires qui ont précédé notre ère ont été particulièrement signifiants dans cette fantastique aventure, car ils ont vu la naissance, au sein du bassin méditerranéen, de l'élevage et de l'agriculture, des premières agglomérations fixes, de l'écriture et de formes plus raffinées de langage et de raisonnement. Ces dernières, à leur tour, ont débouché sur la littérature, les sciences, l'histoire, la philosophie et les premières religions monothéistes, prélude aux développements extraordinaires qui suivirent à un rythme de plus en plus accéléré. C'est de cette époque également que datent les premiers empires, les premières armées organisées, les premières guerres de conquête et de subjugation, début d'une série meurtrière qui n'a fait que s'amplifier au cours de l'histoire.

Cet environnement a vu aussi l'avènement des premiers penseurs et guides spirituels dont l'enseignement est parvenu jusqu'à nous. Parmi ceux-ci, Jésus a été un des plus influents dans nos régions. C'est à son message que je fais un urgent appel aujourd'hui, mais dépouillé des contingences historiques, politiques, sociales et religieuses de son époque, ainsi que de tout l'habillage mythique construit autour de sa personne et du carcan doctrinal ou normatif dans lequel une autorité dogmatique l'a enfermé. Car le moteur mis en route il y a cent mille ans par nos lointains ancêtres s'est brusquement emballé. Le succès évolutif de l'espèce humaine est proche du point de non-retour.

Il est devenu une menace mortelle pour l'avenir de l'humanité et pour celui d'une bonne partie du monde vivant.

On a vu comment nos yeux, éclairés par Darwin, ont appris à discerner derrière ce succès des traits génétiques d'égoïsme, solidaire à l'intérieur des groupes, mais hostile à l'égard d'autres groupes, qui étaient utiles à nos ancêtres dans les conditions où ils vivaient mais sont devenus néfastes aujourd'hui. Jésus ne connaissait pas Darwin ni toutes les découvertes de la biologie moderne, mais il connaissait la nature humaine et il a identifié correctement la faille dont celle-ci est affectée. S'élevant au-dessus de tout ce qui divise, il a prôné l'amour.

Ce message, authentiquement salvateur dans la signification étymologique du terme, indique la voie que l'humanité doit adopter épigénétiquement et transmettre culturellement à sa descendance pour contrecarrer les attributs génétiques nocifs que la sélection naturelle a préservés en elle depuis ses lointaines origines africaines. Puissent les dirigeants de ce monde l'entendre, et surtout l'écouter, avant qu'il ne soit trop tard.

Table

Cet ouvrage a été composé par
Nord Compo à Villeneuve-d'Ascq (Nord)

N° d'impression : 230377
N° d'édition : 7381-4607-X
Dépôt légal : octobre 2018

Imprimé en France